インプレスR&D [NextPublishing]

技術の泉 SERIES
E-Book / Print Book

{ネコミミでもわかる}
フロントエンド
開発環境構築

1から作るフロントエンド開発環境！
Babel、Webpack、ESLint、Flow、Jest など
構築方法をさっくり解説！

汐瀬 なぎ ｜ 著

目次

はじめに ……………………………………………………………………………………… 4

本書の進めかた・使いかた ……………………………………………………………… 4

Node 環境と動作について ………………………………………………………………… 5

リポジトリとサポートについて ……………………………………………………… 5

表記関係について ………………………………………………………………………… 5

免責事項 ……………………………………………………………………………………… 5

底本について ……………………………………………………………………………… 5

第1章　まずは準備から …………………………………………………………………… 6

1.1　package.json ファイルの作成 ……………………………………………………… 6

1.2　ディレクトリー構成について ………………………………………………………… 7

　　1.2.1　.gitignore ………………………………………………………………………… 7

1.3　EditorConfig を導入する …………………………………………………………… 8

第2章　JavaScript を動かす ……………………………………………………………… 10

2.1　Babel ……………………………………………………………………………………… 10

　　2.1.1　Babel モジュールの追加 ……………………………………………………… 11

2.2　webpack ………………………………………………………………………………… 12

　　2.2.1　webpack モジュールの追加 …………………………………………………… 12

　　2.2.2　コンフィグファイルの作成 …………………………………………………… 12

　　2.2.3　JavaScript をビルドする ……………………………………………………… 13

　　2.2.4　webpack-dev-server による開発サーバーの立ち上げ ………………… 15

第3章　JavaScript のためのパワフルなツール ……………………………………… 18

3.1　ESLint …………………………………………………………………………………… 18

　　3.1.1　ESLint を導入する …………………………………………………………… 18

　　3.1.2　.eslintrc の作成 ………………………………………………………………… 19

　　3.1.3　ビルドごとに ESLint を実行する …………………………………………… 22

3.2　Prettier ………………………………………………………………………………… 23

　　3.2.1　Prettier を導入する …………………………………………………………… 24

3.3　Flow ……………………………………………………………………………………… 25

　　3.3.1　Flow を導入する ……………………………………………………………… 25

　　3.3.2　型定義を行う …………………………………………………………………… 28

第4章　React をはじめる ………………………………………………………………… 31

4.1　React をブラウザーで表示させるための準備 ………………………………… 31

4.2　最初で最後の React コンポーネント …………………………………………… 32

	4.2.1 Reactコンポーネントの作成	33
	4.2.2 ReactコンポーネントをDOMとして出力する	33

第5章 CSSを適用する 36

5.1 webpackの設定 36

5.2 CSSファイルの作成 37

5.3 StyleLint 39

5.4 PostCSS 40

	5.4.1 PostCSSを導入する	41
	5.4.2 PostCSSプラグインの追加	42

第6章 ReactとCSSの連携 47

6.1 CSSをコンポーネントに適用する 47

6.2 CSSModules 49

第7章 爆速でテストを書く 52

7.1 Jestで始めるユニットテスト 52

7.2 コンポーネントはスナップショットテストで 56

7.3 コードカバレッジを見る 61

第8章 プロダクションコードの生成 64

8.1 webpackの設定を分離する 64

	8.1.1 開発向けのwebpack設定	66
	8.1.2 プロダクション向けのwebpack設定	69

8.2 CSSをminifyする 70

あとがき 73

Special Thanks 73

著者紹介 75

はじめに

近年のフロントエンド環境の発展はめざましく、新たな時代の到来を予感させました。たとえば、**React**[1]や**Vue.js**[2]に代表されるようなフレームワークは、仮想DOMという新たな概念を提供しました。これらのフレームワークを採用することで、より設計しやすく、かつ最適化されたWebアプリケーションを作ることができるようになりました（しかも、これまでよりも速く！）。しかし、これほど魅力的で強力な武器が登場したにもかかわらず、いまだ多くのWebアプリケーションがこれらのフレームワークを使わずに、必死にDOMを動かしています。なぜでしょうか？

この問題の原因の1つは、フロントエンドにおける環境構築の複雑化にあります。たとえばReactをフレームワークとして使おうとした時、多くの人がまず**トランスパイル**[3]というプロセスにぶつかります。

トランスパイルは**Babel**[4]というツールで行いますが、複数のJavaScriptファイルを1つにまとめたり、開発コードとプロダクションコードをそれぞれ出力したりしようとすると、Babelだけでは力不足です。

そこで、こうした複雑なファイル生成を解決するツールとして、**webpack**[5]があります。では、このwebpackを使うために何をすればよいかというと……（中略）……といった具合に、ただReactを使うためだけに、多くのツールを学ぶ必要がでてくるのです。

本書は、現在の複雑化したフロントエンドの環境構築に焦点を当て、1からフロントエンド環境の構築方法を解説していきます。したがって、本書の対象読者は次のような疑問や不安を持っている方です。

- モダンなJavaScriptを書きたいが、そもそも環境構築についてよくわかっていない
- Babelやwebpackの設定方法がイマイチわかっていない
- ESLint, Flow, Jestなどを導入したいがどうすればよいかわからない

本書はこれらの疑問を解消し、最初から自分でフロントエンド環境を構築できるようになるためのお手伝いをします。少しでもあなたの負担を軽減できれば幸いです。

本書の進めかた・使いかた

本書は1からフロントエンド環境の構築を行っていきますが、本書での環境構築が答え（＝ベスト・プラクティス）ではないことに注意してください。実際に環境を構築するにあたって、本書で紹介しているツールが必要なかったり、あるいは代替のツールを使いたい場面もあると

---

1. https://reactjs.org/
2. https://vuejs.org/
3. あるコードを、同等の別のコードに変換すること。ここではReactで書かれたコードを（ブラウザーが解釈できる）JavaScriptのコードに変換することを指します
4. https://babeljs.io/
5. https://webpack.js.org/

思います。

　ただし、まだフロントエンド環境の構築に慣れていない方は、本書を1章から順番に通読して、まず環境構築に慣れることをオススメします。

Node環境と動作について

　本書ではフロントエンドの環境構築を、次のNode（npm）バージョンで行っています。

・Node v10.9.0

・npm v6.4.1

　また、本書で解説するツールは執筆時点[6]での最新バージョンを採用しています。しかし、フロントエンド界隈は非常に開発スピードが速いため、これらのバージョンはすぐに変わる可能性があります。もし、本書のとおりに書いても動作しない（エラーが発生する）場合は、公式のドキュメントなどを閲覧してください。メジャーバージョンが変わった場合は、マイグレーションガイドなどを用意してくれることも多いので、参考になるでしょう。最新バージョンに追従し続けるのは大変ですが、それだけすばらしいアプリケーションを生み出せるはずです！

リポジトリとサポートについて

　本書に掲載されたコードと正誤表などの情報は、次のURLで公開しています。

https://github.com/polyxx/nekomimi-frontend

表記関係について

　本書に記載されている会社名、製品名などは、一般に各社の登録商標または商標、商品名です。会社名、製品名については、本文中では©、®、™マークなどは表示していません。

免責事項

　本書に記載された内容は、情報の提供のみを目的としています。したがって、本書を用いた開発、製作、運用は、必ずご自身の責任と判断によって行ってください。これらの情報による開発、製作、運用の結果について、著者はいかなる責任も負いません。

底本について

　本書籍は、技術系同人誌即売会「技術書典4」で頒布されたものを底本としています

6.2018年9月時点

第1章 まずは準備から

本章では、まず環境構築を始める前に、プロダクト全体のディレクトリー構成やpackage.json の初期設定について解説します。

1.1 package.json ファイルの作成

さっそくプロダクトを作っていきましょう。お好きなディレクトリーに移動したら（今回は nekomimi-frontend としました）、**npm**[1] または **Yarn**[2] コマンドを使って、package.json ファイルを作成します[3]。対話形式で設定項目について聞かれますが、特に入力する必要はありません。

```
$ mkdir nekomimi-frontend && cd nekomimi-frontend
$ yarn init // または npm init
```

作成された package.json ファイルは次のリスト 1.1 のようになります[4]。

リスト 1.1: package.json の中身

```
1: {
2:   "name": "nekomimi-frontend",
3:   "version": "1.0.0",
4:   "main": "index.js",
5:   "license": "MIT"
6: }
```

||||||||||||||||||||||||||||||||||||||||||||||||||||||||||||||||||||||||||||||||||||
Yarn ってなに？

JavaScript のプロダクトを作る際には、一般的に npm と呼ばれるパッケージマネージャーが 利用されますが、最近では npm 互換である Yarn が人気を博しています。本書では、基本的に Yarn の利用をオススメしています。

npm とどこが違うのか

Yarn ではパッケージをインストールした際に、yarn.lock というファイルが自動的に生成さ

1.https://www.npmjs.com/

2.https://yarnpkg.com/

3. 本書では主に Yarn（v1.9.4）を使用します。npm を使用する場合は、適宜コマンドを置き換えてください。

4.Yarn で作成した場合。

れます[5]。yarn.lockファイルは簡単に説明すると、インストールしたパッケージのバージョンを記録したファイルです。yarn.lockがあることで、どの端末でインストールしてもまったく同じバージョン構成でインストールが行われます。これは、たとえばCIなどを利用してテストやビルドを行う際に役立ちます。

||||||||||||||||||||||||||||||||||||||||||||||||||||||||||||||||||||||||||||||||||||||||||||||||||

1.2　ディレクトリー構成について

　基本的なディレクトリー構成を次のリスト1.2に示します。

リスト1.2: nekomimi-frontendのディレクトリー構成

```
./
├ dist/
├ node_modules/
├ src/
│　├ css/
│　├ html/
│　└ js/
├ package.json
└ yarn.lock
```

- ・dist/ディレクトリー以下は、変換された.jsファイルや.cssファイルが出力されるディレクトリーです。第2章で開発サーバーを立ち上げる際に、参照されるディレクトリーがここになります。
- ・src/ディレクトリー以下で開発を行います。分かりやすいように、css・html・jsはそれぞれディレクトリーを分けるとよいでしょう。

また、ここではまだ記述していませんが、次章以降で多くのコンフィグファイルを用意していくことになります。

1.2.1　.gitignore

　Gitを使用して開発を行う場合、.gitignoreファイルを用意しておきましょう。.gitignoreファイルはリスト1.3のように、node_modules/ディレクトリーのほか、dist/ディレクトリーを除外するようにしておきます。

リスト1.3: .gitignoreの設定

```
# node modules
```

5.npm v5 からは npm も package-lock.json を出力するようになりました。npm を使うか、Yarn を使うかは好みの問題かもしれません。

```
node_modules/

# dist directory
dist/
```

1.3　EditorConfigを導入する

　複数人で開発する際は、**EditorConfig**[6]を導入すると便利です。EditorConfigを導入すると、インデント幅や改行コード等のコーディングスタイルを設定・共有できます。また、複数のIDEおよびエディターに対応しているため、他の開発者が別のエディターを使っていたとしても、共通のコーディングスタイルで開発が可能となります。

　コーディングスタイルの設定は、各エディターのEditorConfigを有効化（またはプラグインを導入）し、.editorconfigファイルをルートディレクトリーに置きます。今回のプロダクトでは次のような.editorconfigファイルを作成しました（リスト1.4）。

リスト 1.4: .editorconfig

```
 1: # 現在のディレクトリー位置をrootとする
 2: root = true
 3:
 4: # 全てのファイルに対する設定
 5: [*]
 6: # 改行コード
 7: end_of_line = lf
 8: # 文字コード
 9: charset = utf-8
10: # ファイル末尾に空行を追加する
11: insert_final_newline = true
12: # 行末尾の空白文字を削除する
13: trim_trailing_whitespace = true
14: # インデント指定
15: indent_style = space
16:
17: # 指定した拡張子に対する設定
18: [*.{js,jsx,css,pcss}]
19: # インデント幅
20: indent_size = 2
```

6.https://editorconfig.org/

これで開発を始める準備は整いました！必要ならば、README.mdやLICENSEファイルも作成しておきましょう。

次の章ではいよいよBabelとwebpackを利用して、JavaScriptのトランスパイルを行います。

第2章 JavaScriptを動かす

本章では、JavaScriptをトランスパイルし、ブラウザーで読み込むまでの方法について解説します。具体的には、**Babel**および**webpack**というツールを使い、**ES2015**[1]や**JSX**[2]形式のJavaScriptコードをトランスパイルします。その後、実際に開発用のWebサーバーを立ち上げ、動作していることを確認します。

2.1 Babel

BabelはJavaScriptのトランスパイラです。最近のモダンブラウザーはES2015以降のコードをそのまま解釈できるようになりましたが、古いブラウザーでは最新の構文などは解釈できません。そのため、まずほとんどのブラウザーが解釈できるJavaScriptのコード[3]まで変換（＝トランスパイル）を行います。

リスト2.1: Babelによるトランスパイルの例

```
[1, 2, 3].map(n => n + 1);

/* converted to */

"use strict";

[1, 2, 3].map(function (n) {
  return n + 1;
});
```

リスト2.1の例を見てみましょう。ES2015での新しい構文であるアロー関数[4]（*Arrow Functions*）が、トランスパイル後はfunction式に置き換わり、行頭にuse strict[5]の宣言が追記されていることが分かります。このように、Babelによるトランスパイルでは単に構文を変換するだけでなく、コードの最適化も行ってくれます。

それでは、実際にBabelでの変換を試してみましょう。

1.ECMAScript2015のこと。もともとはES6と呼ばれていましたが、後に改称されました。

2.主にReactで使われる、HTMLに似たシンタックス記法。

3.ES5が基準となることが多い。IEの場合、IE9から一部サポートがあり、IE10以降なら基本的に動作します。

4.https://developer.mozilla.org/ja/docs/Web/JavaScript/Reference/arrow_functions

5.https://developer.mozilla.org/ja/docs/Web/JavaScript/Strict_mode

2.1.1 Babelモジュールの追加

　まずはnpmからBabelのモジュールを追加します[6]。ここでは@babel/preset-env[7]を利用します。

```
$ yarn add --dev @babel/preset-env
// または
$ npm install --save-dev @babel/preset-env
```

　@babel/preset-envは、設定に応じて自動的にトランスパイルを行ってくれるモジュール（プリセット）です。ルートディレクトリー直下に.babelrcという名前でコンフィグファイルを作成し、次のリスト2.2のように記述します。

リスト2.2: .babelrcにプリセットを記述する

```
1: {
2:   "presets": ["@babel/preset-env"]
3: }
```

　これだけで設定は完了しますが、@babel/preset-envはトランスパイルを行うブラウザー（ターゲットブラウザー）を指定できます（リスト2.3)[8]。

リスト2.3: トランスパイルを行うブラウザーを指定する

```
 1: {
 2:   "presets": [
 3:     [
 4:       "@babel/preset-env",
 5:       {
 6:         "targets": "> 0.25%, not op_mini all"
 7:       }
 8:     ]
 9:   ]
10: }
```

　リスト2.3の例では、Opera Miniを除いた、0.25％より大きいブラウザーシェアをもつブラウザーに対して、トランスパイルが行われます。古いブラウザーに対応しようとするとファイルサイズが増大することが多いため、開発するプロダクトのターゲットブラウザーに合わせて設

6.Babelは長らくバージョンが6でしたが、この度待望のバージョン7がリリースされました（2018年8月27日リリース）。本書でもバージョン7を利用して環境構築を行っていきます。

7.https://github.com/babel/babel/tree/master/packages/babel-preset-env

8.未指定の場合、ES2015から最新までのプリセットが呼ばれます。

第2章　JavaScriptを動かす　　11

定するとよいでしょう[9]。

2.2　webpack

　Babelを導入したことで、JavaScriptのトランスパイルができるようになりました。トランスパイルされたJavaScriptファイルをブラウザーで読み込めば、実際に動作することが確認できるでしょう。しかし、複数のJavaScriptファイルを1ファイルにまとめたり、開発用のサーバーを立ち上げたりすることはBabelだけでは実現できません。

　これらの機能をまとめて実現できるwebpackを導入します。

2.2.1　webpackモジュールの追加

　npmから次のモジュールを追加します。

```
$ yarn add --dev webpack webpack-cli @babel/core babel-loader
```

　webpack v4から、CLIでの実行にはwebpack-cli[10]モジュールが必須になりました。また、webpack v3からの大きな変更点の1つとして、コンフィグファイルを作成しなくても、CLIコマンドのみでビルドや開発サーバーの立ち上げができるようになりました。今回は、実際にコンフィグファイルを作っていきます。

2.2.2　コンフィグファイルの作成

　ルートディレクトリー直下にwebpack.config.jsを作成します（リスト2.4）。

リスト2.4: webpack.config.js を作成する

```
 1: const path = require('path');
 2:
 3: const src = path.join(__dirname, 'src');
 4: const dist = path.join(__dirname, 'dist');
 5:
 6: module.exports = {
 7:   // developmentモードで実行します
 8:   mode: 'development',
 9:   // ビルドを実行するファイルパス
10:   entry: path.resolve(src, 'js/index.js'),
11:   output: {
12:     // 生成されるファイル名
```

---

9. ターゲットブラウザーのクエリは、Browserslist（https://github.com/browserslist/browserslist）に従います。
10. https://github.com/webpack/webpack-cli

```
13:      filename: 'index.bundle.js',
14:      // 生成先のディレクトリー
15:      path: dist
16:    },
17:    resolve: {
18:      // import文のパス指定にnode_modulesを省略できるようにします
19:      modules: ['node_modules'],
20:      // .jsまたは.jsxの拡張子を省略できるようにします
21:      extensions: ['.js', '.jsx']
22:    },
23:    module: {
24:      rules: [
25:        {
26:          // ルールを適用するファイルの正規表現
27:          test: /\.(js|jsx)$/,
28:          // node_modules以下のファイルには適用しないようにします
29:          exclude: /node_modules/,
30:          // 使用するloader
31:          loader: 'babel-loader'
32:        }
33:      ]
34:    },
35:    // sourceMappingの設定
36:    devtool: 'cheap-module-eval-source-map'
37: };
```

　リスト2.4の設定では、src/js/index.jsをbabel-loader[11]を通して、dist/ディレクトリーにindex.bundle.jsとして生成します。webpackではxxx-loaderの形で提供されるloaderモジュールを用いて、変換を行います。今回はJavaScriptをトランスパイルするため、Babelが提供しているbabel-loaderを使用しています。

2.2.3　JavaScriptをビルドする

　それでは実際にビルドをしてみましょう。まずはsrc/js/ディレクトリーにindex.jsを作成します。コードはリスト2.5のとおりです。

リスト2.5: Hello Nekomimi World!と出力するJavaScriptコード

```
1: export class Hello {
2:   constructor(name) {
3:     this.say(name);
```

11.https://github.com/babel/babel-loader

```
 4:   }
 5:
 6:   say(name) {
 7:     console.log('Hello ${name} World!');
 8:   }
 9: }
10:
11: export default new Hello('Nekomimi');
```

また、npmコマンドから呼び出せるように、package.jsonにscriptsの設定を追加します（リスト2.6）。

リスト2.6: package.json に scripts の設定を追加する

```
{
  "name": "nekomimi-frontend",
  "version": "1.0.0",
  "main": "index.js",
  "license": "MIT",
  "scripts": {
    "build:dev": "webpack --config webpack.config.js"
  },
  ...
}
```

scripts内のbuild:devがコマンド名になります。コマンドを実行してみましょう[12]。

```
$ yarn build:dev
yarn run v1.9.4
$ webpack --config webpack.config.js
Hash: xxx
Version: webpack 4.17.2
Time: 761ms
Built at: xxx
         Asset       Size  Chunks             Chunk Names
index.bundle.js  10.4 KiB    main  [emitted]  main
Entrypoint main = index.bundle.js
[./src/js/index.js] 1020 bytes {main} [built]
```

ビルドが実行され、dist/ディレクトリーにindex.bundle.jsが生成されました。実際に

12.npm では、npm run build:dev で動作します。

14 | 第2章 JavaScriptを動かす

dist/index.bundle.jsをNodeから実行してみましょう。

```
$ node ./dist/index.bundle.js
Hello Nekomimi World!
```

　無事Hello Nekomimi World!のログが出力されました！次はブラウザーから出力されることを確認してみます。

2.2.4　webpack-dev-serverによる開発サーバーの立ち上げ

　ここまでの手順でwebpackによってJavaScriptのビルドをすることはできましたが、実際にブラウザーで動作するかどうかを確かめることができません。そこで、webpackが提供しているwebpack-dev-server[13]を用いて、開発サーバーを立ち上げます。
　まずは必要なモジュールを追加しましょう。

```
$ yarn add --dev webpack-dev-server html-webpack-plugin
```

　html-webpack-plugin[14]は開発サーバー用にHTMLを自動的に出力するプラグインです。webpack.config.jsにwebpack-dev-serverとhtml-webpack-pluginの設定を追加しましょう（リスト2.7）。

リスト2.7: webpack-dev-serverとhtml-webpack-pluginの設定

```
const path = require('path');
// webpackモジュールを読み込む
const webpack = require('webpack');
// html-webpack-pluginモジュールを読み込む
const HtmlWebpackPlugin = require('html-webpack-plugin');

const src = path.join(__dirname, 'src');
const dist = path.join(__dirname, 'dist');

module.exports = {
  ...
  module: {
    ...
  },
  devServer: {
    contentBase: dist, // 開発サーバーを立ち上げる参照ディレクトリー
```

13.https://github.com/webpack/webpack-dev-server

14.https://github.com/jantimon/html-webpack-plugin

```
    hot: true, // hot-reloadを有効にします
    port: 3000 // サーバーを立ち上げるポート番号
  },
  plugins: [
    // hot-reloadを有効にするプラグインを追加
    new webpack.HotModuleReplacementPlugin(),
    // HtmlWebpackPluginプラグインを追加
    new HtmlWebpackPlugin()
  ]
};
```

　hot-reloadはファイルの更新を検知し、自動的にブラウザーのリロードを行ってくれる機能です。package.jsonにwebpack-dev-serverを実行するserveコマンドを追加したら（リスト2.8）、開発サーバーを立ち上げてみましょう。

リスト2.8: package.jsonにserveコマンドを追加する

```
{
  ...
  "scripts": {
    "build:dev": "webpack --config webpack.config.js",
    "serve": "webpack-dev-server --config webpack.config.js"
  },
  ...
}
```

　次のコマンドを実行し、http://localhost:3000/にアクセスします。

```
$ yarn serve
```

　http://localhost:3000/にアクセスすると真っ白なページが表示されますが、開発者ツールのConsoleタブを開いてみると、Hello Nekomimi World!のログが出力されていることが確認できます（図2.1）。

16　第2章　JavaScriptを動かす

図 2.1: 開発者ツールでログが出力されることを確認する（Chrome の場合）

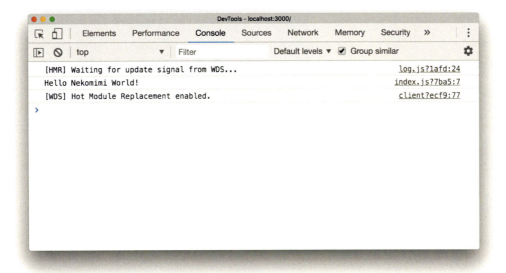

第3章 JavaScriptのためのパワフルなツール

第2章では、JavaScriptをトランスパイルするためのツールとしてBabelと、開発サーバーを立ち上げビルドを行うためのツールとしてwebpackについて解説しました。本章ではJavaScriptをよりきれいに、かつ速く、そして頑健に書くためのツールを紹介し、そのための環境を構築していきます。

3.1 ESLint

ESLint[1]はJavaScriptのための、静的構文チェックツールです。ESLintを導入することで、文法的な間違いや、，（カンマ）のつけ忘れといったミスを防ぐことができます。これらの間違いはJavaScriptのエラーを引き起こす元となるので、事前に構文チェックを通すことでエラーの発生を大幅に減らすことができます。

3.1.1 ESLintを導入する

それでは実際にESLintを導入していきます。基礎となるeslintモジュールと、あらかじめルール（＝正しい構文）が定義されているコンフィグモジュール（今回はeslint-config-airbnb）、そしてこれらの依存モジュールを導入します。

eslint-config-airbnbはAirbnb社が提供しているESLintのルールセットです[2]。詳しいルールの内容はhttps://github.com/airbnb/javascriptから見ることができます。eslint-config-airbnbを導入する場合、依存モジュールをeslint-config-airbnbが指定するバージョンに合わせる必要があります。依存モジュールのバージョンを確認するには、次のコマンドを実行します[3]。

```
$ yarn info eslint-config-airbnb peerDependencies

{ eslint:
   '^4.19.1 || ^5.3.0',
  'eslint-plugin-import':
   '^2.14.0',
  'eslint-plugin-jsx-a11y':
   '^6.1.1',
```

---

1. https://eslint.org/
2. eslint-config-airbnb は他のルールセットに比べると厳しいルールですが、慣れると快適にコーディングができます。もしルールに問題があれば、個別にルールを解除するとよいでしょう。
3. 詳しくはドキュメント（https://github.com/airbnb/javascript/tree/master/packages/eslint-config-airbnb）を参照。

18 | 第3章 JavaScriptのためのパワフルなツール

```
'eslint-plugin-react':
  '^7.11.0' }
```

指定バージョンが確認できたら、そのバージョンで依存モジュールをインストールしましょう。

```
$ yarn add --dev eslint-config-airbnb \
> eslint@^5.3.0 \
> eslint-plugin-import@^2.14.0 \
> eslint-plugin-jsx-a11y@^6.1.1 \
> eslint-plugin-react@^7.11.0 \
> babel-eslint
```

babel-eslint[4]はBabel用のESLintパーサです。Babelでトランスパイルを行っている場合、ESLintの標準パーサでは対応できないことがあるため、導入します。

3.1.2 .eslintrcの作成

ESLintを動かすには、コンフィグファイルとしてルートディレクトリー直下に.eslintrcファイルを用意します（リスト3.1）。

リスト3.1: .eslintrc を作成する

```
 1: {
 2:   "extends": ["airbnb"], # airbnbのルールを継承します
 3:   "env": {
 4:     "browser": true, # ブラウザーのグローバル変数を有効化します
 5:     "es6": true # es6(es2015)の構文を有効化します
 6:   },
 7:   "parser": "babel-eslint", # babel-eslintをパーサとして使用
 8:   "parserOptions": {
 9:     "ecmaFeatures": {
10:       "jsx": true # jsxを有効化します
11:     }
12:   }
13: }
```

.eslintrcが用意できたら、package.jsonにlint:jsコマンドを追加します（リスト3.2）。

4.https://github.com/babel/babel-eslint

第3章 JavaScriptのためのパワフルなツール   19

リスト 3.2: package.json に lint:js コマンドを追加する

```
{
  ...
  "scripts": {
    "build:dev": "webpack --config webpack.config.js",
    "serve": "webpack-dev-server --config webpack.config.js",
    "lint:js": "eslint './src/js/*.{js,jsx}'"
  },
  ...
}
```

　この設定では、src/js/ディレクトリー内の.jsまたは.jsxファイルに対してESLintが実行されます。lint:jsコマンドを実行して、ESLintが動作することを確認してみましょう。

```
$ yarn lint:js
yarn run v1.9.4
$ eslint './src/js/*.{js,jsx}'

/nekomimi-frontend/src/js/index.js
  6:6  error    Expected 'this' (中略) method 'say'
class-methods-use-this
  7:5  warning  Unexpected console statement          no-console

× 2 problems (1 error, 1 warning)

error Command failed with exit code 1.
```

　残念ながら、エラーが出てしまいました。エラーの内容（ルール）はclass-methods-use-thisとなっており、これはthis参照のないクラスメソッドに対するエラーです[5]。ちなみにwarningとなっているのは、console.log()の使用です[6]。

リスト 3.3: ESLint に怒られたコード

```
1: export class Hello {
2:   constructor(name) {
3:     this.say(name);
4:   }
5:
6:   // class-methods-use-thisのルールに反している！
```

5.https://eslint.org/docs/rules/class-methods-use-this

6.https://eslint.org/docs/rules/no-console

20　第3章　JavaScript のためのパワフルなツール

```
 7:   say(name) {
 8:     console.log('Hello ${name} World!');
 9:   }
10: }
11:
12: export default new Hello('Nekomimi');
```

それではリスト3.3のコードから、エラーとなっている箇所を修正しましょう。今回は、単に
say()メソッドがthisを参照するように変更します。エラー箇所を修正したコードは、リス
ト3.4のようになります。

リスト3.4: ESLintのエラー箇所を修正したコード

```
 1: export class Hello {
 2:   constructor(name) {
 3:     this.name = name;
 4:     this.say();
 5:   }
 6:
 7:   say() {
 8:     console.log('Hello ${this.name} World!');
 9:   }
10: }
11:
12: export default new Hello('Nekomimi');
```

修正したコードで、もう一度lint:jsを実行してみましょう。

```
$ yarn lint:js
yarn run v1.9.4
$ eslint './src/js/*.{js,jsx}'

/nekomimi-frontend/src/js/index.js
  8:5  warning  Unexpected console statement  no-console

× 1 problem (0 errors, 1 warning)

Done in 1.85s.
```

エラーがなくなり、warningのみとなりました。もし、no-consoleのwarningを表示させ
たくない場合は、.eslintrcファイルから、no-consoleのルールを解除します（リスト3.5）。

第3章　JavaScriptのためのパワフルなツール　21

リスト3.5: .eslintrc の rules を定義して、no-console のルールを解除する

```
{
  "extends": ["airbnb"],
  ...
  "parserOptions": {
    "ecmaFeatures": {
      "jsx": true
    }
  },
  "rules": {
    "no-console": "off" # no-consoleのルールをoffにする
  }
}
```

これで、全ての問題が解決されました！ lint:js コマンドを実行して、エラーが出力されないことを確認しましょう。

```
$ yarn lint:js
yarn run v1.9.4
$ eslint './src/js/*.{js,jsx}'
Done in 2.41s.
```

3.1.3　ビルドごとに ESLint を実行する

npm スクリプトから ESLint を実行することはできましたが、毎回手動で行うのは面倒です。そこで、webpack の loader の 1 つである eslint-loader[7] を導入すると、ビルドごとに ESLint を実行できます。

```
$ yarn add --dev eslint-loader
```

モジュールを追加したら、webpack.config.js に eslint-loader の設定を追記します（リスト3.6）。

リスト3.6: eslint-loader の設定

```
module.exports = {
  ...
  module: {
```

7.https://github.com/webpack-contrib/eslint-loader

```
    rules: [
      {
        test: /\.(js|jsx)$/,
        exclude: /node_modules/,
        enforce: 'pre', // babel-loader よりも前に実行される
        loader: 'eslint-loader'
      },
      {
        test: /\.(js|jsx)$/,
        exclude: /node_modules/,
        loader: 'babel-loader'
      }
    ]
  },
  ...
};
```

serve コマンドを実行して開発サーバーを立ち上げると、ビルドごとに ESLint が自動的に実行され、もしエラーがあるとコンパイルエラーとなります。

3.2 Prettier

Prettier[8]はコードフォーマッタです。JavaScript だけでなく JSX や CSS など幅広い言語に対応しているのが特徴です。Prettier を使うことで、一貫したコーディングが可能になり、コーディング速度の向上にもつながります。リスト 3.7 は Prettier によるコードフォーマットの例です。

リスト 3.7: Prettier によるコードフォーマットの例

```
[ 1, 2,3].map((n) => {
  return   n+ 1;
}

/* converted to */

[1, 2, 3].map(n => n + 1);
```

8.https://prettier.io/

3.2.1 Prettierを導入する

ESLintと同様に、まずモジュールを追加します。

```
$ yarn add --dev prettier
```

その後、設定ファイルとしてルートディレクトリー直下に.prettierrcを用意します（リスト3.8）。詳細なオプションはドキュメント（https://prettier.io/docs/en/options.html）を参照してください。

リスト3.8: .prettierrc を用意する

```
1: {
2:     "printWidth": 100,  # 1行あたりの最大文字数（それ以降は改行します）
3:     "singleQuote": true # ダブルクォートの代わりにシングルクォートを使用する
4: }
```

設定ファイルを作成したらpackage.jsonにprettierコマンド[9]を用意して（リスト3.9）、実行してみましょう。

リスト3.9: package.json に prettier コマンドを用意する

```
{
  ...
  "scripts": {
    "build:dev": "webpack --config webpack.config.js",
    "serve": "webpack-dev-server --config webpack.config.js",
    "lint:js": "eslint './src/js/*.{js,jsx}'",
    "prettier": "prettier --write './src/js/*.{js,jsx}'"
  },
  ...
}
```

prettierコマンドを実行すると、コードフォーマットされたファイル名が出力されます（リスト3.10）。

リスト3.10: prettier コマンドを実行する

```
$ yarn prettier
yarn run v1.9.4
$ prettier --write './src/js/*.{js,jsx}'
```

---

9. ファイルの上書きを行うため、--write オプションが必要です。

24 | 第3章 JavaScript のためのパワフルなツール

```
src/js/index.js 66ms
Done in 0.42s.
```

3.3 Flow

Flow[10]は静的型チェックツールです。JavaScriptに型？と思うかもしれませんが、いまや
JavaScriptに型があるのは当たり前になりつつあります[11]。Flowを導入することで、JavaScript
コードの品質を上げるとともに、コード全体を頑健に保つことができます。

Flowは主にJavaScriptに対する型のサポートと、型チェックを行ってくれます。Flowは
Reactと同じFacebook製なこともあり、Reactと相性がよいのも特徴です[12]。

3.3.1 Flowを導入する

Flowの導入はこれまでの方法とまったく同じです。必要なモジュールをインストールして、
設定ファイルとコマンドを用意しましょう。

```
$ yarn add --dev flow-bin @babel/preset-flow
eslint-plugin-flowtype
```

Flowでの型定義はJavaScriptの構文ではないため、トランスパイル時に型定義を消去する必
要があります。このコマンドで追加した@babel/preset-flow[13]は、Flow周りのBabelプラ
グインをまとめたプリセットです。.babelrcのpresetsに追加しておきましょう（リスト
3.11）。

リスト3.11: .babelrcに@babel/preset-flowを追加する

```
 1: {
 2:   "presets": [
 3:     [
 4:       "@babel/preset-env",
 5:       {
 6:         "targets": "> 0.25%, not op_mini all"
 7:       }
 8:     ],
 9:     "@babel/preset-flow"
10:   ]
```

10.https://flow.org/

11.JavaScriptに型を導入する手段としては、ほかにAltJSであるTypeScript（https://www.typescriptlang.org/）が有名です。

12. 特にv0.53.0からReactの型サポートが改善され、強力になりました。

13.https://github.com/babel/babel/tree/master/packages/babel-preset-flow

```
11: }
```

　Flow の型定義はESLintのルールとコンフリクトすることがあるため、Flow用のESLintプラグイン（eslint-plugin-flowtype[14]）も導入します（リスト3.12）。

リスト3.12: .eslintrc に eslint-plugin-flowtype を追加する

```
{
  "extends": ["airbnb", "plugin:flowtype/recommended"],
  "plugins": ["flowtype"],
  ...
}
```

　設定ファイルである.flowconfigは、ルートディレクトリー直下に用意します。これまでのJSON形式と異なるため、注意が必要です（リスト3.13）。

リスト3.13: .flowconfig を作成する

```
 1: [ignore]
 2: # Flowの対象除外ファイルパスを記述します
 3:
 4: [include]
 5: # ルート以外のFlowの対象ファイルパスを記述します
 6:
 7: [libs]
 8: # 外部のFlow定義等のファイルパスを記述します
 9:
10: [options]
11: # オプションの定義を記述します
```

　現在のプロダクトの状態では、特に.flowconfigへの記述は必要ないでしょう。各種オプションやその他の設定が必要な場合は、ドキュメント（https://flow.org/en/docs/config/）を参照してください。

　次に、package.jsonにflowコマンドを用意します（リスト3.14）。

リスト3.14: package.json に flow コマンドを用意する

```
{
  ...
  "scripts": {
    "build:dev": "webpack --config webpack.config.js",
```

14.https://github.com/gajus/eslint-plugin-flowtype

```
    "serve": "webpack-dev-server --config webpack.config.js",
    "lint:js": "eslint './src/js/*.{js,jsx}'",
    "prettier": "prettier --write './src/js/*.{js,jsx}'",
    "flow": "flow"
  },
  ...
}
```

　最後に、Flowを使用することをJavaScript側で宣言します[15]。宣言の仕方は簡単で、@flow のコメントを追記するだけです（リスト3.15）。

リスト3.15: index.js に対して、Flow を使用する宣言を行う

```
// @flow
export class Hello {
  ...
}
...
```

　それではFlowを実行してみましょう。

```
$ yarn flow
yarn run v1.9.4
$ flow
Error --------------------------------------------------- src/js/index.js:3:15

Missing type annotation for name.

    1 |  // @flow
    2 |  class Hello {
    3 |    constructor(name) {
    4 |      this.name = name;
    5 |      this.say();
    6 |    }
...
(中略)
...
Found 3 errors
```

　3つもエラーが出てしまいました。いずれのエラーも型定義がされていないため、エラーが

---

15. この宣言を行わないと、Flow の型チェックが有効化されません。

第3章　JavaScript のためのパワフルなツール　27

発生しています。

3.3.2　型定義を行う

　型定義を行い、エラーが出ないように修正しましょう。Flowには次のプリミティブ型が用意されています。

- ・boolean
- ・string
- ・number
- ・null
- ・void（JavaScriptでのundefined）

　また、*Maybe Types*と呼ばれる特殊な型として、?が用意されています。?は、nullまたはvoidを表しており、たとえば?stringはstring, null, voidのいずれかになります。*Maybe-Types*は型の性質からnullチェックが必須になるため、変数や引数がnullやundefinedである可能性がある場合に活躍します。

　それでは、index.jsファイルに型定義を書いてみましょう。

リスト3.16: index.jsに型定義を記述する

```
 1: // @flow
 2: export class Hello {
 3:   name: string; // this.nameの型定義
 4:
 5:   constructor(name: string) { // 引数nameの型定義
 6:     this.name = name;
 7:     this.say();
 8:   }
 9:
10:   say(): void { // 戻り値の型定義は省略してもOK（voidである場合）
11:     console.log('Hello ${this.name} World!');
12:   }
13: }
14:
15: export default new Hello('Nekomimi');
```

　リスト3.16を見ると、クラス変数、コンストラクタ引数、クラスメソッドの戻り値について、それぞれ型定義がされています。もう一度flowコマンドを実行してみましょう。

```
$ yarn flow
yarn run v1.9.4
$ flow
```

28　　第3章　JavaScriptのためのパワフルなツール

```
No errors!
```

エラーが出力されなくなったことを確認できました。それでは、リスト3.17のように間違った型を定義すると再びエラーが出力されるか確かめてみましょう。

リスト3.17: index.js に間違った型を定義する

```
 1: // @flow
 2: export class Hello {
 3:   name: number; // this.nameの型定義はnumber
 4:
 5:   constructor(name: string) { // 引数nameの型定義はstring
 6:     this.name = name; // ここでエラーとなるはず
 7:     this.say();
 8:   }
 9:
10:   ...
11: }
12: ...
```

flowコマンドを実行すると、次のようになります。

```
$ yarn flow
yarn run v1.9.4
$ flow
Error ──────────────────────────────── src/js/index.js:6:17

Cannot assign name to this.name because string [1] is incompatible
with number [2].

  [2] 3|    name: number; // this.nameの型定義はnumber
      4|
  [1] 5|    constructor(name: string) { // 引数nameの型定義はstring
      6|      this.name = name; // ここでエラーとなるはず
      7|      this.say();
      8|    }
      9|

Found 1 error
```

出力されたエラーを見てみると、[1]と[2]の箇所（3行目と5行目）の型定義が異なるため、6行目でエラーとなっていることが確認できました。このように型定義を行うことで、存在し

ないプロパティの参照や関数の呼び出しといったエラーを、事前に回避できます。

第4章　Reactをはじめる

第3章までで、JavaScriptの環境構築をひととおり終えることができました。本章ではいよいよReactを導入します[1]。

ReactはJavaScriptライブラリの1つで、View部分を担当するライブラリです。少ないAPIながら、仮想DOMという強力な武器を提供し、今までにないWebアプリケーションの開発を可能にします。

4.1　Reactをブラウザーで表示させるための準備

まずは恒例のモジュールの追加です。

```
$ yarn add react react-dom
$ yarn add --dev @babel/preset-react
```

Reactはreactとreact-domの2つのモジュールから成ります。また、BabelでのReactのトランスパイルのために、@babel/preset-react[2]モジュールが必要です。リスト4.1のように、.babelrcに追記しておきます。

リスト4.1: .babelrcに@babel/preset-react を追加する

```
 1: {
 2:   "presets": [
 3:     [
 4:       "@babel/preset-env",
 5:       {
 6:         "targets": "> 0.25%, not op_mini all"
 7:       }
 8:     ],
 9:     "@babel/preset-react",
10:     "@babel/preset-flow"
11:   ]
12: }
```

Reactは仮想DOMと呼ばれるDOMを内部で生成しますが、作ったDOMを出力するための、

---

1. といっても本書はReact解説本ではないので、1コンポーネント書いたら終わりとなります。
2. https://github.com/babel/babel/tree/master/packages/babel-preset-react

親となる DOM が必要です。src/ディレクトリー直下に新しく html ディレクトリーを作成し、
index.html を作成しましょう（リスト 4.2）。

リスト 4.2: src/html/ディレクトリーに index.html を作成する

```
 1: <!DOCTYPE html>
 2: <html lang="ja">
 3: <head>
 4:   <meta charset="utf-8">
 5:   <title>nekomimi-frontend</title>
 6: </head>
 7: <body>
 8:   <main id="nekomimi-frontend"></main>
 9: </body>
10: </html>
```

<main id="nekomimi-frontend"></main> は React コンポーネントを展開するため
の DOM 要素です。リスト 4.2 の HTML ファイルを開発サーバーに適用するためには、
webpack.config.js を修正します（リスト 4.3）。

リスト 4.3: webpack.config.js から HtmlWebpackPlugin の設定を修正する

```
...
module.exports = {
  ...
  plugins: [
    new webpack.HotModuleReplacementPlugin(),
    new HtmlWebpackPlugin({
      // templateの設定を追加
      template: path.resolve(src, 'html/index.html')
    })
  ]
};
```

serve コマンドを実行し、http://localhost:3000/ にアクセスします。リスト 4.2 の
HTML が出力されていれば成功です。

4.2 最初で最後の React コンポーネント

HTML の下準備が終わったら、さっそく React を書いてみましょう。ここでは、次の 2 つの
ファイルを作成します。

・heading.jsx

―<h1>タグを出力する<Heading>コンポーネント

・render.jsx

　―<Heading>コンポーネントを、リスト4.2のindex.htmlに出力するためのRenderク
　　ラス

4.2.1　Reactコンポーネントの作成

まずはコンポーネントを作成しましょう。src/js/ディレクトリー直下にheading.jsx[3]を
用意します。リスト4.4は、props[4]で渡されたnameを<h1>タグでHello（name）World!
の形で出力する<Heading>コンポーネントです。

リスト4.4: 渡されたnameを<h1>タグで出力する<Heading>コンポーネント

```
 1: // @flow
 2: import React from 'react';
 3:
 4: // propsの型定義
 5: type Props = {
 6:   name: string;
 7: }
 8:
 9: const Heading = (props: Props) => {
10:   const { name } = props;
11:   return <h1>{'Hello ${name} World!'}</h1>;
12: };
13:
14: export default Heading;
```

4.2.2　ReactコンポーネントをDOMとして出力する

次に、Reactコンポーネントを実際にDOMとして出力するためのコードを書きます。src/js/
ディレクトリー直下にrender.jsxを用意し、リスト4.5のようにRenderクラスを作りましょう。

リスト4.5: <Heading>コンポーネントを実際のDOMに出力するRenderクラス

```
 1: // @flow
 2: import React from 'react';
 3: import ReactDOM from 'react-dom';
 4: // <Heading>コンポーネントを読み込む
```

3.JSXで書かれたJavaScriptは慣例的に拡張子を.jsxとします。

4.Reactはコンポーネント間で引数を渡す仕組みがあり、propsと呼ばれます。

第4章　Reactをはじめる　| 33

```
 5: import Heading from './heading';
 6:
 7: export class Render {
 8:   constructor(targetId: string) {
 9:     // コンポーネントを出力するDOMを取得する
10:     const target = document.getElementById(targetId);
11:     if (target != null) {
12:       this.render(target);
13:     }
14:   }
15:
16:   render(target: HTMLElement) {
17:     ReactDOM.render(<Heading name="Nekomimi" />, target);
18:   }
19: }
20:
21: export default new Render('nekomimi-frontend');
```

　heading.jsxとrender.jsxが用意できたら、webpack.config.jsのエントリーポイント（ビルド先のファイル）を修正し（リスト4.6）、serveコマンドを再度実行してみましょう。

リスト4.6: webpack.config.jsのentryを修正する

```
...
module.exports = {
  mode: 'development',
  entry: path.resolve(src, 'js/render.jsx'), // js/render.jsxに変更
  ...
};
```

　http://localhost:3000/にアクセスして、図4.1のようにHello Nekomimi World!と出力されていれば成功です！

図4.1: Hello Nekomimi World!が <h1> タグで出力されていることを確認する

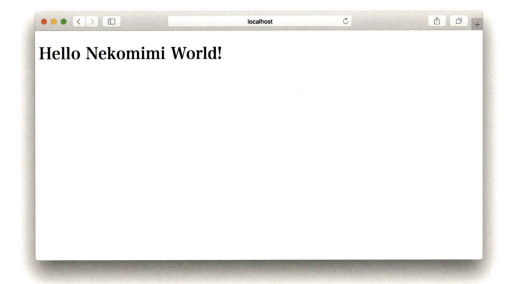

第5章 CSSを適用する

第4章ではReactコンポーネントを作成し、ブラウザーで表示されることを確認しました。本章ではCSSでスタイルを適用するための手順を解説します。

5.1 webpackの設定

まずはwebpackの設定から行います。必要なモジュールを追加しましょう。

```
$ yarn add --dev mini-css-extract-plugin css-loader
```

css-loader[1]を導入することで、JavaScript上でCSSファイルをimportできるようにし、mini-css-extract-plugin[2]によってCSSファイルを作成します。

それではリスト5.1のように、webpackのコンフィグファイルにCSSの設定を追加しましょう。

リスト5.1: webpack.config.jsにCSSの設定を追加する

```
const path = require('path');
const webpack = require('webpack');
const HtmlWebpackPlugin = require('html-webpack-plugin');
// mini-css-extract-pluginの追加
const MiniCSSExtractPlugin = require('mini-css-extract-plugin');

...

module.exports = {
  ...
  module: {
    rules: [
      {
        test: /\.(js|jsx)$/,
        exclude: /node_modules/,
        enforce: 'pre',
        loader: 'eslint-loader'
      },
      {
```

1.https://github.com/webpack-contrib/css-loader

2.https://github.com/webpack-contrib/mini-css-extract-plugin

```
        test: /\.(js|jsx)$/,
        exclude: /node_modules/,
        loader: 'babel-loader'
      },
      { // CSSの設定を追加する
        test: /\.css$/,
        exclude: /node_modules/,
        // loaderを複数使用する場合はuseを使います
        use: [MiniCSSExtractPlugin.loader, 'css-loader']
      }
    ]
  },
  ...
  plugins: [
    new webpack.HotModuleReplacementPlugin(),
    new HtmlWebpackPlugin({
      template: path.resolve(src, 'html/index.html')
    }),
    new MiniCSSExtractPlugin() // MiniCSSExtractPluginを追加
  ]
};
```

5.2 CSSファイルの作成

それではCSSファイルを作りましょう。src/css/ディレクトリー直下にindex.cssファイルを作成します。今回は簡単なテストとして、フォントスタイルを変えてみます(リスト5.2)。

リスト5.2: index.cssの中身

```
1: body {
2:   color: skyblue;
3:   font-size: .9rem;
4: }
```

CSSファイルを作成したら、JavaScriptファイルからimport文を使って読み込みます。src/js/render.jsxファイルを開いたら、リスト5.3のようにCSSファイルを読み込みましょう。

リスト5.3: render.jsxからCSSを読み込む

```
// @flow
```

第5章　CSSを適用する　37

```
import React from 'react';
import ReactDOM from 'react-dom';
import Heading from './heading';
// CSSファイルを読み込む
import '../css/index.css';

export class Render {
  ...
}

export default new Render('nekomimi-frontend');
```

それでは実際に開発サーバーを立ち上げ、確認してみましょう。`serve`コマンドを実行し、`http://localhost:3000/`にアクセスします。図5.1のように、Hello Nekomimi World!のフォントスタイルが変更されていれば成功です。

図5.1: Hello Nekomimi World!のフォントスタイルが変わっていることを確認する

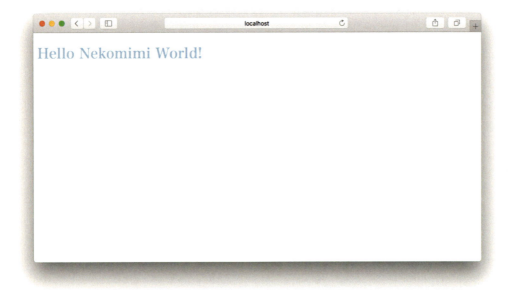

このとき、CSSファイルは`main.css`という名前で生成され、HTML上で自動的に読み込まれます。もしファイル名を変更したい場合は、リスト5.4のように`mini-css-extract-plugin`プラグインを読み込む際に`filename`オプションを指定します。

リスト5.4: ファイル名を指定してCSSを出力する

```
...
module.exports = {
```

```
  ...
  plugins: [
    ...
    new MiniCssExtractPlugin({
      filename: 'app.css' // ファイル名を指定
    })
  ]
};
```

5.3 StyleLint

JavaScriptの環境構築ではLintツールとしてESLintを導入しましたが、もちろんCSSにも
Lintツールが用意されています。**StyleLint**[3]はCSS向けのLintツールです。ESLintと同じよう
にコンフィグファイルを用意することで、ルールを自由にカスタマイズできます。

StyleLintの導入は、次のモジュールを追加します。

```
$ yarn add --dev stylelint stylelint-config-standard
```

このコマンドでは、stylelintモジュールの他、ルールセットとして
stylelint-config-standard[4]を導入しています。

StyleLintのコンフィグファイルは、ESLintと同じように、ルートディレクトリー直下に
.stylelintrcファイルを作成します（リスト5.5）。

リスト5.5: .stylelintrc を作成する

```
1: {
2:   "extends": "stylelint-config-standard"
3: }
```

今回の設定ではstylelint-config-standardのルールを継承しているだけですが、独自
にルールをカスタマイズしたい場合はドキュメント[5]を参照するとよいでしょう。

次にコマンドを用意します。package.jsonのscripts欄に、lint:cssコマンドを追加
しましょう（リスト5.6）。

3.https://stylelint.io/

4.https://github.com/stylelint/stylelint-config-standard

5.https://stylelint.io/user-guide/configuration/

第5章　CSSを適用する　│　39

リスト5.6: lint:css コマンドを追加する

```
{
  ...
  "scripts": {
    ...
    "lint:css": "stylelint './src/css/*.css'"
  },
  ...
}
```

それでは、lint:css コマンドを実行してみましょう。

```
yarn run v1.9.4
$ stylelint './src/css/*.css'

src/css/index.css
 3:14   ×  Expected a leading zero    number-leading-zero

error Command failed with exit code 2.
```

number-leading-zero[6]のエラーが出ています。これはリスト5.2のfont-size: .9rem;について、整数の位の0を省略しているために発生するエラーです。したがって、リスト5.7のように修正すれば、エラーは発生しなくなります。

リスト5.7: StyleLint のエラーが出ないように index.css を修正する

```
1: body {
2:   color: skyblue;
3:   font-size: 0.9rem;
4: }
```

5.4 PostCSS

ここまで、CSSファイルを作成してwebpackから読み込む方法について解説しました。しかし、素のCSSを書いていくのは少々苦痛です。現在よく使われているAltCSSとしてはSass[7]やLess[8]などが挙げられますが、ここでは新しい選択肢としてPostCSS[9]を紹介します。

6.https://stylelint.io/user-guide/rules/number-leading-zero/

7.https://sass-lang.com/

8.http://lesscss.org/

9.https://postcss.org/

40 | 第5章 CSSを適用する

PostCSS自体はただのパーサであり、それ単体では動作しません。さまざまなPostCSSプラグインを導入することで、CSSの拡張を行います。たとえばpostcss-scss[10]プラグインを導入すれば、SassのSCSS記法で書くことが可能となります。このように、PostCSSはプロダクトの規模や開発者のコードスタイルによって、自由にカスタマイズできるのが特徴です。

5.4.1　PostCSSを導入する

それでは早速PostCSSを導入しましょう。PostCSSを導入するには、postcss-loader[11]を追加し、コンフィグファイルを用意します。

```
$ yarn add --dev postcss-loader
```

コンフィグファイルは、ルートディレクトリー直下にpostcss.config.jsという名前でJavaScriptファイルを作成します（リスト5.8）。まだ何のプラグインも導入していないため、空の状態です。

リスト5.8: postcss.config.js を作成する

```
1: module.exports = {
2:   plugins: {}
3: };
```

webpackのコンフィグファイルには、postcss-loaderの設定を追記します（リスト5.9）。なお、postcss-loaderはloaderの適用順の関係上、必ず配列の最後に記述します。

リスト5.9: webpack.config.js に postcss-loader を追加する

```
...
module.exports = {
  ...
  module: {
    rules: [
      ...
      {
        test: /\.css$/,
        exclude: /node_modules/,
        // postcss-loader を追加（loaderの適用順の関係上、必ず最後に記述する）
        use: [MiniCssExtractPlugin.loader, 'css-loader',
'postcss-loader']
      }
```

10.https://github.com/postcss/postcss-scss

11.https://github.com/postcss/postcss-loader

第5章　CSSを適用する　41

```
          ]
      },
      ...
  };
```

この状態でserveコマンドを実行し、再び開発サーバーを立ち上げてみましょう。エラーが発生せず、コンパイルが成功すればOKです。見た目は何も変わりませんが、これでPostCSSを書く準備ができました。

5.4.2 PostCSSプラグインの追加

それでは実際に、便利なPostCSSプラグインをいくつか導入してみましょう。

autoprefixer

autoprefixer[12]はもっとも利用されているPostCSSプラグインの1つです。autoprefixerを導入すると、指定された設定にしたがって、ベンダープレフィックスを自動的に付与します。

```
$ yarn add --dev autoprefixer
```

モジュールを追加したら、postcss.config.jsにプラグインの設定を追記します（リスト5.10）。

リスト5.10: autoprefixerプラグインを追加する

```
1: module.exports = {
2:   plugins: {
3:     autoprefixer: {
4:       browsers: ['> 0.25%', 'not op_mini all']
5:     }
6:   }
7: };
```

autoprefixerは@babel/preset-envでの指定と同じように、browsersオプションを渡すことで、どのブラウザーまで対応させるかを指定できます。

実際に、現状ベンダープレフィックスが必要なCSSプロパティであるanimationをindex.cssに記述してみましょう（リスト5.11）。

12.https://github.com/postcss/autoprefixer

リスト5.11: ベンダープレフィックスが必要なプロパティを追加する

```
1: body {
2:   color: skyblue;
3:   font-size: 0.9rem;
4:   animation: foo;
5: }
```

再度開発サーバーを立ち上げ、ページのソースから生成されたCSSの中身を見てみると、リスト5.12のように-webkit-のベンダープレフィックスが追加されていることが確認できます。

リスト5.12: 生成されたCSSファイル

```
1: body {
2:   color: skyblue;
3:   font-size: 0.9rem;
4:   -webkit-animation: foo;
5:           animation: foo;
6: }
```

postcss-custom-properties

postcss-custom-properties[13]は、W3Cで策定されている**CSS Custom Properties**[14]の仕様を解釈するためのプラグインです。このカスタム変数は、すでに多くのモダンブラウザーで使用可能ですが[15]、使用できないブラウザーのために変換する必要があります。postcss-custom-propertiesはこの変換を行ってくれます。

```
$ yarn add --dev postcss-custom-properties
```

モジュールを追加したら、postcss.config.jsにプラグインの設定を追記します（リスト5.13）。

リスト5.13: postcss-custom-properties プラグインを追加する

```
1: module.exports = {
2:   plugins: {
3:     autoprefixer: {
4:       browsers: ['> 0.25%', 'not op_mini all']
5:     },
```

13.https://github.com/postcss/postcss-custom-properties

14.https://www.w3.org/TR/css-variables-1/

15.https://caniuse.com/#feat=css-variables

```
6:        'postcss-custom-properties': {}
7:    }
8: };
```

　それでは実際にカスタム変数を使用してみましょう。カスタム変数の記法は、:root擬似クラス[16]に変数（--から始まる）を用意し、var()関数で変数を呼び出します。実際のindex.cssのコードはリスト5.14になります。

リスト5.14: カスタム変数を利用してindex.cssを修正する

```
1: :root {
2:    --primary-color: skyblue; /* 変数名は--から始める必要がある */
3: }
4:
5: html {
6:    color: var(--primary-color); /* var(変数名)で変数を呼び出す */
7:    font-size: 0.9rem;
8: }
```

　生成されたCSSコードはリスト5.15のようになります[17]。

リスト5.15: 生成されたCSSファイル

```
1: :root {
2:    --primary-color: skyblue;
3: }
4:
5: html {
6:    color: skyblue;
7:    color: var(--primary-color);
8:    font-size: 0.9rem;
9: }
```

postcss-nesting

　postcss-nesting[18]はネスト記法を使えるようにするプラグインです。同じようなプラグインとしてpostcss-nested[19]がありますが、こちらはSassのネスト記法に近い書き方がで

16.https://developer.mozilla.org/ja/docs/Web/CSS/:root

17.postcss-custom-properties は、デフォルト設定ではカスタム変数の定義も残します。詳しくはドキュメント（https://github.com/postcss/postcss-custom-properties#options）を参照。

18.https://github.com/jonathantneal/postcss-nesting

19.https://github.com/postcss/postcss-nested

きます。今回は前者のpostcss-nestingを導入してみましょう。

```
$ yarn add --dev postcss-nesting
```

さきほどと同じように、postcss.config.jsにプラグインの設定を追記します（リスト5.16）。

リスト5.16: postcss-nesting プラグインを追加する

```
 1: module.exports = {
 2:   plugins: {
 3:     autoprefixer: {
 4:       browsers: ['> 0.25%', 'not op_mini all']
 5:     },
 6:     'postcss-custom-properties': {},
 7:     'postcss-nesting': {}
 8:   }
 9: };
```

それではindex.cssにネスト記法でスタイルを記述してみます（リスト5.17）。

リスト5.17: ネスト記法のスタイルを記述する

```
 1: :root {
 2:   --primary-color: skyblue;
 3: }
 4:
 5: html {
 6:   color: var(--primary-color);
 7:   font-size: 0.9rem;
 8: }
 9:
10: .foo {
11:   color: white;
12:
13:   & .bar { /* ネスト記法で .bar のスタイルを追加 */
14:     color: blue;
15:   }
16: }
```

生成されたCSSファイルを見てみると、リスト5.18のようにふたつのスタイルがそれぞれ生成されることが確認できます。

第5章　CSSを適用する　45

リスト5.18: 生成されたCSSファイル

```
...

.foo {
  color: white
}

.foo .bar {
  color: blue;
}
```

　PostCSSプラグインは、この他にもたくさんのプラグインが公開されています。PostCSSは、プラグインを導入することで自由にカスタマイズできることが特徴ですが、あまり多くのプラグインを入れすぎると逆に使い勝手が悪くなってしまいます。必要に応じて追加するのがよいでしょう。

第6章　ReactとCSSの連携

本章ではCSSとReactアプリケーションの連携について解説します。これまでのWebアプリケーションの開発では、CSSとHTML、JavaScriptは完全に分離されており、そのためCSSはスタイルの汚染といった問題に対して常に注意する必要がありました。たとえば、**BEM**[1]や**OOCSS**[2]といった設計思想は、これらの問題を解決するための考え方の1つであり、多くの支持を得ています。

さて、Reactを利用したWebアプリケーションの開発では、仮想DOMという新しいアプローチを用いており、コンポーネントベースでの開発が主体となっています。仮想DOMを利用することで、JavaScriptとHTMLが一体となって、1つのコンポーネントを形作ることが可能となりました。

では、CSSはどうでしょうか。現状CSSはまだ分離されており、これまでと同じようにBEMといった設計を利用する必要があるように思えます。本章では、React（JSX記法）でのCSSの適用方法を紹介した上で、**CSSModules**[3]というアプローチを解説し、これらの問題に対する解決策を探っていきます。

6.1　CSSをコンポーネントに適用する

まずは第4章で作成した`<Heading>`コンポーネントに対して、CSSを適用してみましょう。リスト6.1のように、`src/css/`ディレクトリー直下に新しく`heading.css`ファイルを作成します。

リスト6.1: heading.css を作成する

```
1: .text {
2:   text-align: center;
3:   font-family: sans-serif;
4: }
```

CSSファイルの作成後、`heading.jsx`ファイルからCSSをimportし、適用します（リスト6.2）。

1.http://getbem.com/

2.http://oocss.org/

3.https://github.com/css-modules/css-modules

リスト6.2: ＜Heading＞コンポーネントにCSSを適用する

```
// @flow
import React from 'react';
// cssファイルを読み込む
import '../css/heading.css';

...

const Heading = (props: Props) => {
  const { name } = props;
  // className属性を追加する
  return <h1 className="text">{`Hello ${name} World!`}</h1>;
};

export default Heading;
```

JSX記法では、HTMLにおけるclass属性は使うことができず、代わりに**className**を使うことに注意してください。http://localhost:3000/にアクセスすると、図6.1のようにheading.cssのスタイルが適用されていることが確認できます。

図6.1: heading.cssのスタイルが適用されていることを確認する

6.2 CSSModules

CSSModulesは、簡単にいえば自動的にクラス名を割り振るものです。CSSModulesに命名を任せることによって、異なるファイルで同じクラス名を利用したとしても、完全に異なるクラス名が生成されます。その結果、これまで私たちが悩まされていた命名規則や、スタイル汚染といった問題が解決されます。

それでは、さっそくCSSModulesを導入しましょう。CSSModulesは第5章で導入した`css-loader`がその機能を持っているため、特に新しいモジュールの追加は必要ありません。`webpack.config.js`を開いたら、`css-loader`にCSSModulesの設定を追記します（リスト6.3）。

リスト6.3: css-loaderのCSSModulesオプションを有効化する

```
...
module.exports = {
  ...
  module: {
    rules: [
      ...
      {
        test: /\.css$/,
        exclude: /node_modules/,
        use: [
          MiniCSSExtractPlugin.loader,
          {
            loader: 'css-loader',
            // CSSModulesのオプションを追加
            options: {
              modules: true,
              importLoaders: 1,
              localIdentName: '[name]__[local]--[hash:base64:5]'
            }
          },
          'postcss-loader'
        ]
      }
    ]
  },
  ...
};
```

この状態で開発サーバーを再度立ち上げると、`<Heading>`コンポーネントのスタイルが元に

第6章 ReactとCSSの連携　49

戻っている（＝適用されていない）ことが確認できます。実際にソースからCSSファイルの中身を見てみると、リスト6.4のようになっています。

リスト6.4: CSSModulesを有効化して、出力されたCSSファイル

```
1: .heading__text--1s4bf {
2:   text-align: center;
3:   font-family: sans-serif;
4: }
5:
6: body {
7:   color: skyblue;
8:   font-size: 0.9rem;
9: }
```

heading.cssで.textとして定義したクラス名が、.heading__text--1s4bfというクラス名に置き換わっています。これがCSSModulesの機能であり、このクラス名はリスト6.3で追記したlocalIdentNameオプション（[name]__[local]--[hash:base64:5]）にしたがって自動的に生成されています。

　自動生成されたクラス名を<Heading>コンポーネントのclassNameに付与するには、リスト6.5のようにheading.jsxを編集します[4]。

リスト6.5: <Heading>コンポーネントにCSSModulesを適用する

```
// @flow
import React from 'react';
// stylesという変数名でCSSを読み込む
import styles from '../css/heading.css';

...

const Heading = (props: Props) => {
  const { name } = props;
  // 自動生成されたクラス名は"styles.<元のクラス名>"でアクセスできる
  return <h1 className={styles.text}>{'Hello ${name}
World!'}</h1>;
};

export default Heading;
```

---

4. このとき変数 styles はオブジェクトとして JavaScript コードに変換されています。

`http://localhost:3000/`に再びアクセスすれば、`.heading`スタイルが適用されているはずです！

　CSSModulesを利用することで、これまでよりも簡潔にスタイルを書くことができ、かつ汚染しづらくなります。本書ではCSSModulesという仕組みを紹介しましたが、他のアプローチとしてCSS in JSといった仕組みを導入したり、**StyledComponents**[5]モジュールを導入する方法があります。これらのアプローチはそれぞれ一長一短がありますので、プロダクトの内容や規模にあわせて、技術選定を行うとよいでしょう。

5.https://www.styled-components.com/

第7章　爆速でテストを書く

　第4章ではReactプロダクトの第一歩として、もっとも単純なコンポーネントと、コンポーネントをレンダリングする方法について解説しました。本章では、これまで書いたES2015やCSSの記述を含む（Babelでのトランスパイルを前提とした）JavaScriptコード、そしてReactコンポーネントにおけるユニットテストの書き方について解説します。

　JavaScriptのテストツールは色々ありますが[1]、今回はセットアップが簡単で、すぐにテストを書き始められる**Jest**[2]を導入します。

7.1　Jestで始めるユニットテスト

　Jestは*Zero Configuration*であることを謳っており、基本的にはjestモジュールをインストールするだけで、設定を書くことなく書き始められます。それでは、モジュールをインストールしましょう[3]。

```
$ yarn add --dev jest babel-jest 'babel-core@^7.0.0-0' @babel/core
```

　これだけでjestを書き始める準備はできましたが、残念ながらESLint[4]とnpmスクリプトの設定が必要です。ESLintはリスト7.1のように、.eslintrcにJestの設定を追加します。

リスト7.1: .eslintrc の env に jest の設定を追加する

```
{
  ...
  "env": {
    "browser": true,
    "es6": true,
    "jest": true
  },
  ...
}
```

　npmスクリプトはこれまでと同様に、package.jsonにjestコマンドを用意します（リス

---

1. 有名所としては Mocha（https://mochajs.org/）や Jasmine（https://jasmine.github.io/）など。おいしそうな名前が多いですね。
2. https://facebook.github.io/jest/
3. Jest はまだ Babel v7 に対応していないため、現時点（2018 年 9 月）では babel-jest および babel-core モジュールを別途インストールする必要があります。
4. Jest のマッチャ（matcher）を認識させるため。

52　　第7章　爆速でテストを書く

ト7.2)。

リスト7.2: package.jsonにjestコマンドを用意する

```
{
  ...
  "scripts": {
    ...
    "prettier": "prettier --write './src/js/*.{js,jsx}'",
    "flow": "flow",
    "jest": "jest"
  },
  ...
}
```

　今度こそ準備が整いました！ルートディレクトリー直下にtest/ディレクトリーを作成
し、index.test.jsという名前のJavaScriptファイルを用意しましょう。その名のとおり
index.test.jsはindex.jsをテストするためのテストファイルです。

　index.jsの内容を覚えていますか？index.jsはconsole.log()を呼び出すsay()メ
ソッドをもつ、Helloクラスでした（リスト7.3）。

リスト7.3: src/js/index.jsの中身

```
 1: // @flow
 2: export class Hello {
 3:   name: string;
 4:
 5:   constructor(name: string) {
 6:     this.name = name;
 7:     this.say();
 8:   }
 9:
10:   say(): void {
11:     console.log('Hello ${this.name} World!');
12:   }
13: }
14:
15: export default new Hello('Nekomimi');
```

　それではindex.test.jsにテストコードを書きましょう。まずは、Helloクラスのコンス
トラクタで、this.nameが正しく設定されているかどうかのテストを書きます。次のリスト

7.4のように index.test.js を編集します[5]。

リスト7.4: this.name が正しく設定されることを確認する

```
 1: import { Hello } from '../src/js/index';
 2:
 3: const name = 'Jest';
 4: let hello;
 5:
 6: describe('Hello Class Test', () => {
 7:   beforeEach(() => {
 8:     hello = new Hello(name);
 9:   });
10:
11:   test('We can check if the name defined the class
constructor', () => {
12:     expect(hello.name).toBe(name);
13:   });
14: });
```

それではテストが成功するか確認してみましょう。jest コマンドを実行します。

```
$ yarn jest
yarn run v1.9.4
$ jest
 PASS  test/index.test.js
  Hello Class Test
    ✓ We can check if the name defined the class constructor
(6ms)

  console.log src/js/index.js:13
    Hello Nekomimi World!

  console.log src/js/index.js:13
    Hello Jest World!

Test Suites: 1 passed, 1 total
Tests:       1 passed, 1 total
Snapshots:   0 total
Time:        2.796s
Ran all test suites.
```

5.default の import ではなく named import をしていることに注意。default の import だと Hello インスタンスが返ってしまいます。

```
Done in 4.06s.
```

無事テストが成功しました[6]。同様にして say() メソッドのテストコードも書いてみましょう。say() メソッドは console.log() を呼び出すため、テストコードは console.log() が呼び出されたかを確認すればよさそうです。メソッドが呼び出されたかどうかを確認するには、jest#spyOn()[7] を使うと実現できます。

リスト7.5: say() メソッドで console.log() が呼ばれることを確認する

```
import { Hello } from '../src/js/index';

const name = 'Jest';
let hello;

describe('Hello Class Test', () => {
  beforeEach(() => {
    hello = new Hello(name);
  });

  ...

  // say() メソッドのテスト
  test('We can check if console.log() called on say() method', ()
=> {
    const spy = jest.spyOn(console, 'log');

    hello.say();

    // spy したメソッドが呼ばれていることを確認する
    expect(spy).toHaveBeenCalledWith('Hello ${name} World!');

    spy.mockReset();
    spy.mockRestore();
  });
});
```

リスト7.5では jest#spyOn() を使うことで console.log() を監視し、Hello Jest World! という引数で実行されているかをテストしています。say() メソッドのテストが書

---

6. 実行結果には console.log() の出力が含まれています。これは default export でのインスタンス作成と、テスト実行でのインスタンス作成で、それぞれ say() メソッドが呼ばれているからです。

7. https://jestjs.io/docs/en/jest-object#jestspyonobject-methodname

第7章　爆速でテストを書く　55

けたら、再度 jest コマンドを実行し、テストが全て成功することを確認しておきましょう。

```
$ yarn jest
yarn run v1.9.4
$ jest
 PASS  test/index.test.js
  Hello Class Test
    ✓ We can check if the name defined the class constructor
(5ms)
    ✓ We can check if console.log() called on say() method (3ms)

   ...


Test Suites: 1 passed, 1 total
Tests:       2 passed, 2 total
Snapshots:   0 total
Time:        2.018s
Ran all test suites.
Done in 3.11s.
```

7.2　コンポーネントはスナップショットテストで

　次に、Reactコンポーネントのテストを書いてみましょう。Reactコンポーネントのテストは、主にコンポーネントが意図したとおりに出力されているかどうかをテストします。リスト7.6の<Heading>コンポーネントの場合、<h1>Hello (name) World!</h1>が出力されることをテストすればよさそうです。

リスト7.6: 作成した<Heading>コンポーネント

```
 1: // @flow
 2: import React from 'react';
 3: import styles from '../css/heading.css';
 4:
 5: type Props = {
 6:   name: string;
 7: }
 8:
 9: const Heading = (props: Props) => {
10:   const { name } = props;
11:   return <h1 className={styles.text}>{'Hello ${name}
World!'}</h1>;
```

56　第7章　爆速でテストを書く

```
12: };
13:
14: export default Heading;
```

　リスト7.6のような単純なコンポーネントならDOMの出力が正しいかどうかをテストするの
は容易ですが、大量のDOMが存在するコンポーネントを全てテストしようとするのは、なかな
かに骨が折れる作業です[8]。このようなDOMをテストするための手段として、Jestには**スナッ
プショットテスト**と呼ばれる機能が備わっています。今回はこのスナップショットテストを用
いて、Reactコンポーネントのテストを書いてみましょう。

　スナップショットテストを行うためにはreact-test-renderer[9]モジュールが必
要となります。また、CSSModulesを使っている場合は、CSSをモックするための
identity-obj-proxy[10]モジュールも必要です。それぞれ追加します。

```
$ yarn add --dev react-test-renderer identity-obj-proxy
```

　さらに、CSSファイルに対してidentity-obj-proxyモジュールを利用するために、Jest
の設定ファイルを用意しましょう。ルートディレクトリー直下にjest.config.jsを作成し
ます（リスト7.7）。

リスト7.7: jest.config.js を作成する

```
1: module.exports = {
2:   moduleNameMapper: {
3:     // .css ファイルに対して identity-obj-proxy を適用する
4:     '\\.(css)$': 'identity-obj-proxy'
5:   }
6: };
```

　設定ファイルを用意したら、test/ディレクトリー直下にheading.test.jsxを新たに作
成し、スナップショットテストを書いていきます（リスト7.8）。

リスト7.8: <Heading> コンポーネントのスナップショットテスト

```
1: import React from 'react';
2: import renderer from 'react-test-renderer';
3: import Header from '../src/js/heading';
4:
```

---

8. すなわち、1つのDOMごとにアサーションを書かないといけないため、DOMが多ければ多いほどテストコードが多くなります。
9. https://github.com/facebook/react/tree/master/packages/react-test-renderer
10. https://github.com/keyanzhang/identity-obj-proxy

```
 5: describe('<Header>', () => {
 6:   test('renders correctly', () => {
 7:     const name = 'Snapshot';
 8:     const props = { name };
 9:     const tree = renderer.create(<Header {...props}
/>).toJSON();
10:
11:     expect(tree).toMatchSnapshot();
12:   });
13: });
```

react-test-rendererのcreate()およびtoJSON()メソッドによってJSONを作成します。スナップショットテストでは、このJSONを前回のテスト時点でのJSONと比較することで、テストを行います。それでは、jestコマンドでheading.test.jsxのテストを実行してみましょう。

```
$ yarn jest ./test/heading.test.jsx
yarn run v1.9.4
$ jest ./test/heading.test.jsx
 PASS  test/heading.test.jsx
  <Header>
    ✓ renders correctly (15ms)

 › 1 snapshot written.
Snapshot Summary
 › 1 snapshot written from 1 test suite.

Test Suites: 1 passed, 1 total
Tests:       1 passed, 1 total
Snapshots:   1 written, 1 total
Time:        1.254s, estimated 2s
Ran all test suites matching /.\/test\/heading.test.jsx/i.
Done in 1.96s.
```

初回のスナップショットテストは、前回時点のJSONが存在しないため、必ず成功します。また、test/ディレクトリーを見てみると__snapshots__/heading.test.jsx.snapというファイルが新しく作成されていることが分かります（リスト7.9）。

リスト7.9: heading.test.jsx.snapの中身

```
// Jest Snapshot v1, https://goo.gl/fbAQLP
```

```
exports['<Header> renders correctly 1'] = '
<h1
  className="text"
>
  Hello Snapshot World!
</h1>
';
```

このファイルが、今回のテスト時点でのスナップショットになります。したがって、これ以降何らかの形で<Heading>コンポーネントが変更された時に、テストが失敗することになります。

リスト7.10のように、<Heading>コンポーネントが出力するタグを<h1>から<h2>に変更してみましょう。

リスト7.10: <Heading>コンポーネントに変更を加える

```
// @flow
import React from 'react';
import styles from '../css/heading.css';

...

const Heading = (props: Props) => {
  const { name } = props;
  // <h1>タグを<h2>に変更した
  return <h2 className={styles.text}>{'Hello ${name}
World!'}</h2>;
};

export default Heading;
```

ふたたび、jestコマンドを実行すると、今度はテストが失敗します。

```
$ yarn jest ./test/heading.test.jsx
yarn run v1.9.4
$ jest ./test/heading.test.jsx
 FAIL  test/heading.test.jsx
  <Header>
    × renders correctly (21ms)

  ● <Header> › renders correctly
```

第7章　爆速でテストを書く | 59

```
    expect(value).toMatchSnapshot()

    Received value does not match stored snapshot
    "<Header> renders correctly 1".

    - Snapshot
    + Received


    - <h1
    + <h2
        className="text"
      >
        Hello Snapshot World!
    - </h1>
    + </h2>


      9 |        const tree = renderer.create(<Header {...props}
    />).toJSON();
     10 |
    > 11 |        expect(tree).toMatchSnapshot();
        |                         ^
     12 |    });
     13 | });
     14 |


      at Object.toMatchSnapshot (test/heading.test.jsx:11:18)


  › 1 snapshot failed.
Snapshot Summary
  › 1 snapshot failed from 1 test suite.
 Inspect your code changes or run `yarn run jest -u` to update
them.

Test Suites: 1 failed, 1 total
Tests:       1 failed, 1 total
Snapshots:   1 failed, 1 total
Time:        1.788s
Ran all test suites matching /.\/test\/heading.test.jsx/i.
error Command failed with exit code 1.
```

　スナップショットテストが失敗した場合、スナップショットを新しく更新する必要があります。変更した点が意図どおりであり、スナップショットを更新したい場合は、jestコマンド

に-u[11]オプションを付けて実行することで更新されます。

```
$ yarn jest -u ./test/heading.test.jsx
yarn run v1.9.4
$ jest -u ./test/heading.test.jsx
 PASS  test/heading.test.jsx
  <Header>
    ✓ renders correctly (13ms)

 › 1 snapshot updated.
Snapshot Summary
 › 1 snapshot updated from 1 test suite.

Test Suites: 1 passed, 1 total
Tests:       1 passed, 1 total
Snapshots:   1 updated, 1 total
Time:        1.273s, estimated 2s
Ran all test suites matching /.\/test\/heading.test.jsx/i.
Done in 2.00s.
```

7.3 コードカバレッジを見る

Jestには、ほかに便利な機能として**コードカバレッジ**を出力するオプションを備えています。コードカバレッジを出力することで、まだテストが書かれていない箇所や、テストが到達できていない箇所を知ることができます。Jestでコードカバレッジを出力するには、--coverageオプションを付けて実行します。

```
$ yarn jest --coverage
yarn run v1.9.4
$ jest --coverage
 PASS  test/heading.test.jsx
 PASS  test/index.test.js
  ● Console

    console.log src/js/index.js:13
      Hello Nekomimi World!
    ...

--------------|----------|----------|----------|----------|
```

---

11. または--updateSnapshot

```
File            | % Stmts | % Branch | % Funcs | % Lines |
----------------|---------|----------|---------|---------|
All files       |     100 |      100 |     100 |     100 |
 heading.jsx    |     100 |      100 |     100 |     100 |
 index.js       |     100 |      100 |     100 |     100 |
----------------|---------|----------|---------|---------|

Test Suites: 2 passed, 2 total
Tests:       3 passed, 3 total
Snapshots:   1 passed, 1 total
Time:        3.168s
Ran all test suites.
Done in 4.02s.
```

　コードカバレッジを出力すると、CLIでの表示のほかに、ルートディレクトリーにcoverage/ディレクトリーが自動的に生成されます。coverage/lcov-report/index.htmlを開くと、各ファイルのコードカバレッジが確認できます（図7.1）。

図7.1: 自動生成されたコードカバレッジレポート

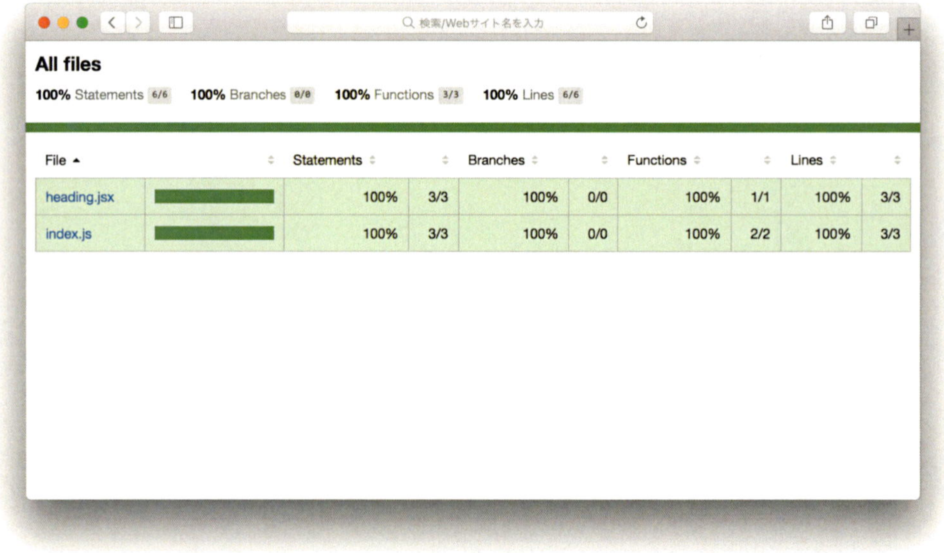

　今回は全ての項目が100％であるため、テストによって、全てのパターンが網羅できていることになります。実際のプロダクトでは全ての項目を100％にすることはなかなか難しいので、80-90％程度を目安にテストが書けるとよいでしょう。

　さて、これでいよいよ全ての環境構築が終わりました。serveコマンドを実行すれば、すぐに

開発を始めることができます。めくるめくWebアプリケーションの開発を楽しんでください！

第8章 プロダクションコードの生成

これまでの章で、フロントエンドの環境構築について解説をしてきました。これより開発はすぐに開始できるようになりましたが、出力されているコードはプロダクション向けのコードではありません[1]。本章では、プロダクションコードを出力するためのビルド方法を解説します。

8.1 webpackの設定を分離する

まずはwebpackの設定を見直してみましょう。作成されたwebpack.config.jsはリスト8.1のようになっています。

リスト8.1: 作成したwebpack.config.js

```
 1: const path = require('path');
 2: const webpack = require('webpack');
 3: const HtmlWebpackPlugin = require('html-webpack-plugin');
 4: const MiniCSSExtractPlugin =
require('mini-css-extract-plugin');
 5:
 6: const src = path.join(__dirname, 'src');
 7: const dist = path.join(__dirname, 'dist');
 8:
 9: module.exports = {
10:   mode: 'development',
11:   entry: path.resolve(src, 'js/render.jsx'),
12:   output: {
13:     filename: 'index.bundle.js',
14:     path: dist
15:   },
16:   resolve: {
17:     modules: ['node_modules'],
18:     extensions: ['.js', '.jsx']
19:   },
20:   module: {
21:     rules: [
22:       {
23:         test: /\.(js|jsx)$/,
```

---

1. プロダクション向けのコードとは、たとえば、JavaScriptの難読化などが挙げられます。

```
24:        exclude: /node_modules/,
25:        enforce: 'pre',
26:        loader: 'eslint-loader'
27:      },
28:      {
29:        test: /\.(js|jsx)$/,
30:        exclude: /node_modules/,
31:        loader: 'babel-loader'
32:      },
33:      {
34:        test: /\.css$/,
35:        exclude: /node_modules/,
36:        use: [
37:          MiniCSSExtractPlugin.loader,
38:          {
39:            loader: 'css-loader',
40:            options: {
41:              modules: true,
42:              importLoaders: 1,
43:              localIdentName:
'[name]__[local]--[hash:base64:5]'
44:            }
45:          },
46:          'postcss-loader'
47:        ]
48:      }
49:    ]
50:  },
51:  devtool: 'cheap-module-eval-source-map',
52:  devServer: {
53:    contentBase: dist,
54:    hot: true,
55:    port: 3000
56:  },
57:  plugins: [
58:    new webpack.HotModuleReplacementPlugin(),
59:    new HtmlWebpackPlugin({
60:      template: path.resolve(src, 'html/index.html')
61:    }),
62:    new MiniCSSExtractPlugin({
63:      filename: 'app.css'
64:    })
```

```
65:    ]
66: };
```

このwebpack.config.jsには、開発サーバーの設定やESLintのloaderモジュールなどが含まれているため、このままではプロダクションコードを出力できません。そこで、webpackの設定を開発向け、プロダクション向け、そして共通設定の3つのファイルに分割します。

8.1.1 開発向けのwebpack設定

webpackの設定を分割し、共有するための便利なモジュールとしてwebpack-merge[2]があります。

```
$ yarn add --dev webpack-merge
```

webpack-mergeを追加したら、リスト8.1から開発向けとプロダクション向けの両方で使われる設定を抜き出し、webpack.common.jsという名前でファイルを新しく作成します（リスト8.2）。

リスト8.2: 共通設定のwebpack.common.jsを作成する

```
 1: const path = require('path');
 2: const HtmlWebpackPlugin = require('html-webpack-plugin');
 3: const MiniCSSExtractPlugin =
require('mini-css-extract-plugin');
 4:
 5: const src = path.join(__dirname, 'src');
 6:
 7: module.exports = {
 8:   entry: path.resolve(src, 'js/render.jsx'),
 9:   resolve: {
10:     modules: ['node_modules'],
11:     extensions: ['.js', '.jsx']
12:   },
13:   module: {
14:     rules: [
15:       {
16:         test: /\.(js|jsx)$/,
17:         exclude: /node_modules/,
18:         loader: 'babel-loader'
19:       },
```

2.https://github.com/survivejs/webpack-merge

```
20:      {
21:        test: /\.css$/,
22:        exclude: /node_modules/,
23:        use: [
24:          MiniCSSExtractPlugin.loader,
25:          {
26:            loader: 'css-loader',
27:            options: {
28:              modules: true,
29:              importLoaders: 1,
30:              localIdentName:
'[name]__[local]--[hash:base64:5]'
31:            }
32:          },
33:          'postcss-loader'
34:        ]
35:      }
36:    ]
37:  },
38:  plugins: [
39:    new HtmlWebpackPlugin({
40:      template: path.resolve(src, 'html/index.html')
41:    }),
42:    new MiniCSSExtractPlugin({
43:      filename: 'app.css'
44:    })
45:  ]
46: };
```

リスト8.2では、ビルド対象となるエントリーファイルの指定と、resolveの設定、各loaderの設定などを行っています。次に、新しくwebpack.dev.jsを作成し、リスト8.3のようにwebpack.common.jsで記述しなかった残りの設定を記述しましょう。

リスト8.3: 開発向けの設定を記述したwebpack.dev.jsを作成する

```
1: const path = require('path');
2: const webpack = require('webpack');
3: // webpack-mergeモジュールを読み込む
4: const merge = require('webpack-merge');
5: // 共通のwebpack設定を読み込む
6: const common = require('./webpack.common');
7:
```

第8章　プロダクションコードの生成 | 67

```
 8: const dist = path.join(__dirname, 'dist');
 9:
10: module.exports = merge(common, {
11:   mode: 'development',
12:   output: {
13:     filename: 'index.bundle.js',
14:     path: dist
15:   },
16:   module: {
17:     rules: [
18:       {
19:         test: /\.(js|jsx)$/,
20:         exclude: /node_modules/,
21:         enforce: 'pre',
22:         loader: 'eslint-loader'
23:       }
24:     ]
25:   },
26:   devtool: 'cheap-module-eval-source-map',
27:   devServer: {
28:     contentBase: dist,
29:     hot: true,
30:     port: 3000
31:   },
32:   plugins: [
33:     new webpack.HotModuleReplacementPlugin()
34:   ]
35: });
```

　webpack.dev.jsが用意できたら、このファイルを設定ファイルとして使用するために、package.jsonを修正します。scripts欄のbuild:devコマンドとserveコマンドで指定しているwebpackの設定ファイル名を、webpack.dev.jsに修正しましょう（リスト8.4）。

リスト8.4: webpack.dev.jsを使用するようにコマンドを修正する

```
{
  "name": "nekomimi-frontend",
  "version": "1.0.0",
  "main": "index.js",
  "license": "MIT",
  "scripts": {
    "build:dev": "webpack --config webpack.dev.js",
```

```
      "serve": "webpack-dev-server --config webpack.dev.js",
      ...
    },
    ...
}
```

　元のwebpack.config.jsはもう不要なので、削除して構いません。また、各コマンドを実行して、きちんと動作するか確認しておきましょう。

8.1.2　プロダクション向けのwebpack設定

　それではプロダクション向けのwebpack設定ファイルも作成していきます。webpack.prod.jsという名前でファイルを新しく作成します（リスト8.5）。

リスト8.5: プロダクション向けの設定を記述したwebpack.prod.jsを作成する

```
 1: const path = require('path');
 2: const merge = require('webpack-merge');
 3: const common = require('./webpack.common');
 4:
 5: const docs = path.join(__dirname, 'docs');
 6:
 7: module.exports = merge(common, {
 8:   // productionモードで実行します
 9:   mode: 'production',
10:   output: {
11:     // 生成されるファイル名
12:     filename: 'app.min.js',
13:     // 生成先のディレクトリー
14:     path: docs
15:   }
16: });
```

　リスト8.5ではmodeの設定をproductionにしています。基本的にはこのmodeを変更するだけで、webpackがプロダクション向けのビルドを行ってくれます。今回はmodeの設定に加えて、生成したファイル名をapp.min.jsに変更し、別のディレクトリー（docs/ディレクトリー）へ出力するようにしました。

　webpack.prod.jsが用意できたら、package.jsonにプロダクション向けのビルドを行うbuild:prodコマンドを追加しましょう（リスト8.6）。

リスト8.6: build:prodコマンドを追加する

```
{
  ...
  "scripts": {
    "build:dev": "webpack --config webpack.dev.js",
    "build:prod": "webpack --config webpack.prod.js",
    ...
  },
  ...
}
```

build:prodコマンドを実行し、生成されたdocs/app.min.jsファイルを開いてみると、難読化（*Uglify*）されていることがわかります。ただし、生成されたCSSファイルは特に変更されていません。CSSもプロダクション向けにビルドするよう設定しましょう。

8.2 CSSをminifyする

CSSをminifyするために、PostCSSプラグインのCSSWring[3]を導入します。

```
$ yarn add --dev csswring
```

次に、postcss.config.jsにCSSWringプラグインを追記しますが、開発中はminifyをする必要がないので、プラグインを有効にするかどうかを切り替える必要があります。ここでは、現在のビルド設定が開発向けかプロダクション向けかを伝えるために、NODE_ENVという環境変数を使用します。リスト8.7のように、package.json内のbuild:prodコマンドにNODE_ENV=productionを追記しましょう。

リスト8.7: build:prodコマンドにNODE_ENV環境変数を追記する

```
{
  ...
  "scripts": {
    "build:dev": "webpack --config webpack.dev.js",
    "build:prod": "NODE_ENV=production webpack --config
webpack.prod.js",
    ...
  },
  ...
```

3.https://github.com/hail2u/node-csswring

```
    }
```

追記したら、postcss.config.jsを編集します。引数からenvを受け取り、その値が
productionかどうかでプラグインの有効と無効を切り替えます（リスト8.8）。

リスト8.8: env の値によって CSSWring の有効/無効を切り替える

```
 1: module.exports = ({ env }) => ({
 2:   plugins: {
 3:     autoprefixer: {
 4:       browsers: ['> 0.25%', 'not op_mini all']
 5:     },
 6:     'postcss-custom-properties': {},
 7:     'postcss-nesting': {},
 8:     csswring: env === 'production' ? {} : false
 9:   }
10: });
```

また、生成するファイル名も変更しておきましょう。webpack.common.jsをリスト8.9のよ
うに修正します。webpack.common.js内では、NODE_ENVの値はprocess.env.NODE_ENV
で取得できます。

リスト8.9: NODE_ENVの値によって生成するファイル名を切り替える

```
const path = require('path');
const HtmlWebpackPlugin = require('html-webpack-plugin');
const MiniCSSExtractPlugin = require('mini-css-extract-plugin');

const src = path.join(__dirname, 'src');
// NODE_ENVがproductionかどうか判定する
const prodMode = process.env.NODE_ENV === 'production';

module.exports = {
  ...
  plugins: [
    ...
    new MiniCSSExtractPlugin({
      // ファイル名を切り替える
      filename: prodMode ? 'app.min.css' : 'app.css'
    })
  ]
};
```

第8章　プロダクションコードの生成　　71

ファイルの修正が終わったら、build:prodコマンドを実行してビルドしましょう。minify
されたapp.min.cssが生成されれば成功です。

あとがき

　本書を手に取っていただきありがとうございます。著者の汐瀬なぎです。この本は普段私がプロダクトを作る際に、毎回必ず行っている環境構築の手順をまとめた本になります。環境構築自体やることは決まっているので、慣れてしまえばなんてことはないのですが、はじめて環境構築をし始めたころは、ものすごく苦労した覚えがあります。ただJavaScriptを始めたいだけなのに、なぜこんなにも覚えることが多いのか……。そんな悩みを解決するために、本書を執筆しました。

　環境構築はWebアプリケーション開発における、はじめの一歩です。本書を終えただけでは、Webアプリケーションとしては何もできていない状態です。しかしながら、これらの環境構築がとても強い武器になっていることが、開発を進めていくうちに実感できるはずです。ぜひ、本書の内容で終わることなく、臆せずに開発を始めて見てください。一人でも多くの方が、本書を通じてWebアプリケーション開発の楽しさを感じてもらえれば幸いです。

Special Thanks

　本書を執筆するにあたって、サークルTechBooster（https://techbooster.org/）さんが公開しているRe:VIEWテンプレート（https://github.com/TechBooster/ReVIEW-Template）、およびDockerイメージを利用させていただきました。すぐに執筆が始められる環境は、大きな手助けとなりました。ここにお礼申し上げます。

著者紹介

汐瀬　なぎ（しおせ なぎ）

フロントエンドUXエンジニア。Reactをメインとした Web アプリケーション開発の他、ア
プリケーションのデザイン制作、UI/UXの改善も行う。最近はReactNativeによるアプリ開
発や、GatsbyJSを用いた Web サイト構築について勉強中。趣味は絵を描くこと。

◎本書スタッフ
アートディレクター/装丁：岡田章志＋GY
表紙イラスト：汐瀬なぎ
編集協力：飯嶋玲子
デジタル編集：栗原 翔

技術の泉シリーズ・刊行によせて
技術者の知見のアウトプットである技術同人誌は、急速に認知度を高めています。インプレスR&Dは国内最大級の即
売会「技術書典」（https://techbookfest.org/）で頒布された技術同人誌を底本とした商業書籍を2016年より刊行
し、これらを中心とした『技術書典シリーズ』を展開してきました。2019年4月、より幅広い技術同人誌を対象と
し、最新の知見を発信するために『技術の泉シリーズ』へリニューアルしました。今後は「技術書典」をはじめとし
た各種即売会や、勉強会・LT会などで頒布された技術同人誌を底本とした商業書籍を刊行し、技術同人誌の普及と発
展に貢献することを目指します。エンジニアの"知の結晶"である技術同人誌の世界に、より多くの方が触れていた
だくきっかけになれば幸いです。

株式会社インプレスR&D
技術の泉シリーズ　編集長 山城 敬

●お断り
掲載したURLは2018年9月1日現在のものです。サイトの都合で変更されることがあります。また、電子版ではURL
にハイパーリンクを設定していますが、端末やビューアー、リンク先のファイルタイプによっては表示されないこと
があります。あらかじめご了承ください。
●本書の内容についてのお問い合わせ先
株式会社インプレスR&D　メール窓口
np-info@impress.co.jp
件名に『本書名』問い合わせ係」と明記してお送りください。
電話やFAX、郵便でのご質問にはお答えできません。返信までには、しばらくお時間をいただく場合があります。な
お、本書の範囲を超えるご質問にはお答えしかねますので、あらかじめご了承ください。
また、本書の内容についてはNextPublishingオフィシャルWebサイトにて情報を公開しております。
https://nextpublishing.jp/

●落丁・乱丁本はお手数ですが、インプレスカスタマーセンターまでお送りください。送料弊社負担 にてお取り替えさせていただきます。但し、古書店で購入されたものについてはお取り替えできません。
■読者の窓口
インプレスカスタマーセンター
〒101-0051
東京都千代田区神田神保町一丁目105番地
TEL 03-6837-5016／FAX 03-6837-5023
info@impress.co.jp
■書店／販売店のご注文窓口
株式会社インプレス受注センター
TEL 048-449-8040／FAX 048-449-8041

技術の泉シリーズ
ネコミミでもわかるフロントエンド開発環境構築

2018年10月12日　初版発行Ver.1.0（PDF版）
2019年4月5日　　Ver.1.1

著　者　汐瀬 なぎ
編集人　山城 敬
発行人　井芹 昌信
発　行　株式会社インプレスR&D
　　　　　〒101-0051
　　　　　東京都千代田区神田神保町一丁目105番地
　　　　　https://nextpublishing.jp/
発　売　株式会社インプレス
　　　　　〒101-0051　東京都千代田区神田神保町一丁目105番地

●本書は著作権法上の保護を受けています。本書の一部あるいは全部について株式会社インプレスR&Dから文書による許諾を得ずに、いかなる方法においても無断で複写、複製することは禁じられています。

©2018 Nagi Shiose. All rights reserved.
印刷・製本　京葉流通倉庫株式会社
Printed in Japan

ISBN978-4-8443-9859-2

NextPublishing®

●本書はNextPublishingメソッドによって発行されています。
NextPublishingメソッドは株式会社インプレスR&Dが開発した、電子書籍と印刷書籍を同時発行できるデジタルファースト型の新出版方式です。https://nextpublishing.jp/